我會記住你愛我的樣子

因為你，我不只是我

春花媽 著

賴妍延_腳本
Jozy、黑豆_漫畫繪製

一葦文思
GATE BOOKS

本書獻給勇敢養動物的人。

動物會陪伴你的，

那就是我們選擇彼此的原因……

目次

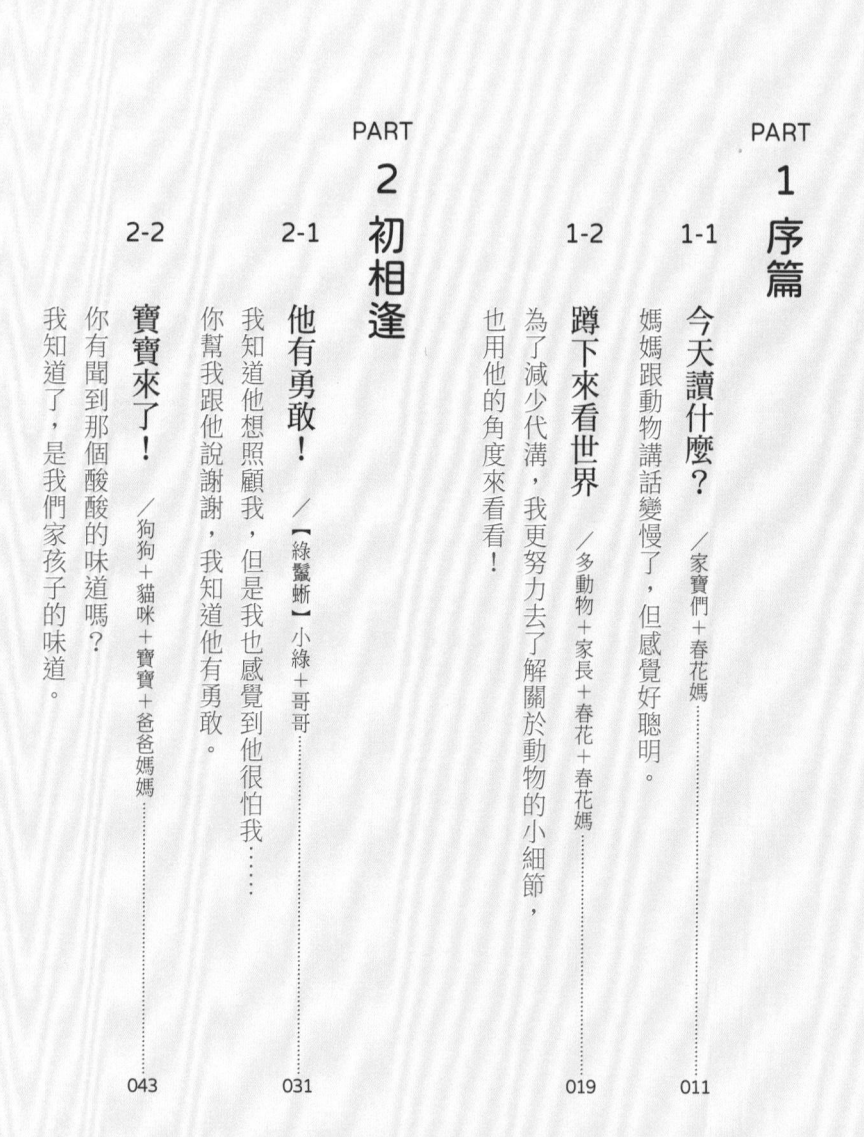

2-3 這是誰的家？／【貓咪】老白＋中途貓狗＋媽媽……055
如果媽媽已經忘記要尊重我，不用愛我也沒關係！
我不想要一個累死的媽媽，這不像媽媽。

PART 3 在一起的日常

3-1 喬遷之喜？／家寶們＋春花媽……071
到新家時，出籠順序有訣竅，
可讓關係親密的動物互相陪伴，
出籠順序有機會改變動物間的關係。

3-2 慢慢走，慢慢老／【狗狗】哥哥、阿吉＋【貓咪】木木、二姐……083
面對老化，是人與動物要共同面對的功課，
讓我們一起慢慢變老吧。

3-3 只剩我一個鳥／【鸚鵡】鍋鍋＋爸爸媽媽……095
我好煩！不能在天空飛！也不能去外面！
我失去了貼貼，也失去了天空……

PART 4 當我們不得不道別……

PART 5 他們的生命哲學

PART

1 序篇

溝通不是能跟動物說話就可以，
要讓彼此都能了解，才是「溝通」。

今天讀什麼？
可是媽媽在看書啊～
媽媽在看什麼？
綿小花
在看以前的故事唷！
歐歐
陪我玩！
你說我跟歐歐的故事啊……
誰要看死胖臉！
大海
春吉
春花
阿咪啊
曼玉（二姐）
萌萌
甜甜圈（甜姐）
有我跟媽媽嗎？

歐歐也喜歡這本嗎？
我喜歡裡面以前的家。
那邊的鳥很有意思。
那你會想念那個家嗎？*
會想鳥。不過現在這邊大鳥很多，很好。

*本書中將人與動物都通稱為「你」。

我跟秋秋哥哥那篇，你要一直給大家看啊！
大家看完就會戀愛，跟貓結婚，很幸福！
沒錯啦，可是那篇太……
太漂亮、太好看了！因為都是我！
快點給大家看！
好好好，你開心就好。

那這本呢？跟別人家的動物和野生動物講話的，
你們喜歡嗎？
喜歡！
嗯！
喜歡媽媽唸書，最喜歡媽媽的聲音。
知道你有認真工作，還可以啦。

媽媽跟動物講話變慢了，但感覺好聰明。
媽媽很有耐心，很厲害。
我以後想像鳥那樣自在的飛。
你應該多講跟鳥有關的事。
好！

野生的不能養在家喔？
他們本來就該在野外啊！
但可以養我！我要肉肉！
就知道吃！
這裡面沒有我！
那時你還太小，所以還沒出現呀。
我現在長大了，讓我在裡面啦！
好，我跟畫家說！
畫好了春吉要看唷！

整天看動物看書，你都不想看人喔？
還好吔！
沒出息！
姐不喜歡我的故事喔？
喜歡啊，但我更愛親親談戀愛，
這本都沒有親！
這樣就有了啦！
啾
偶才不是要看這個！

哥，繼續出漫畫
是對的吧？
不對的事情，
不會讓你做。

蹲下來看世界
我好久沒吃到「那個肉肉」了！
大寶說想吃一種白白的肉，已經很久沒吃了！
蛤？常常吃啊！
肉是小塊、白白的……
對啊，
我每天都有給雞胸肉吔，你是不是搞錯啊？
工作好一陣子後，我才發現，
原來溝通不是能跟動物說話就可以了！

比如這位：
阿虎都在地毯亂尿，不好好尿在尿布墊！
你不喜歡尿在尿布墊嗎？
哪有，我有尿啊！
媽媽都叫我尿在白白的地方呀！
哇，到底是哪裡有誤會？

還有這位：
喵～
喵～
喵～
喵～
喵～
喵～
都半夜了，別喵了啦！
晚上要休息喔，小花為什麼要吵爸爸睡覺呢？
我哪有晚上吵爸爸！
可是他真的都半夜叫……
家裡亮亮的，才不是晚上！
晚上也幫小花留盞燈吧！
常常是動物跟人的理解不同，
而讓動物溝通看起來「不準」！

為了減少代溝，我更努力去了解關於動物的小細節！
哇，現在餵食機好進步啊！
上次我竟然跟主人說是調味料！
鳥用鈣粉
尷尬
就是這個，原來大寶說的是鮮魚塊！
逛展看商品，也能幫助我多了解動物生活。
現在寵物用品太多種了！

想了解動物，我們也可以用他的角度來看看！
每次都不吃乾淨！
飯太裡面，臉會弄髒吔！
特地買來的說，但他都不用……
那裡好吵……
爸爸！爸爸！
噗！
快點來玩！

當然，我也會讓動物知道人類的心情。
用這麼大的碗，是因為媽媽擔心你吃不飽呀！
哥哥是想讓你看看風景啊！
這樣很痛，下次溫柔一點叫爸爸好嗎？

哥！溝通真的不是只要懂動物說什麼就可以吧。
所以我現在也很努力在練習說人話，讓家長也懂喔！
當然，你要讓大家都懂，這才是「溝通」。
這樣應該比較能幫上忙了吧？
不然呢？有認真做就不要瞎想！

怎麼下班
心更累……
叫你交男友
講多久，
啊人呢？
說好的三餐
吃零食，快
點開啊！

PART 2 初相逢

其實……我也曾經想放棄，但如果小綠知道我有努力，
我會好好認真考慮跟他繼續生活，也希望他可以考慮我！

他有勇敢！

今天要溝通的對象，似乎不太開心……
嗨小綠，我是春花媽！
……
會癢吧？我幫你清一下喔～
!?
撥
為什麼你知道我會癢，哥哥都不知道？
怎麼一直抓？
抓
抓

原來，現在的哥哥並不是小綠本來的家長，
而是那個人的室友。
嗚哇！怎麼跑出來了!?
沒想到對方突然消失，拋下了小綠……
養在箱子裡面就不會到處亂跑了吧……？
他不懂怎麼照顧我！
很煩！我很癢！
抓
抓

所以哥哥要我來跟你討論，怎麼樣可以讓你更舒服唷～
啪！
啪！
我不要這個沙沙的！很癢！又會沾到食物！
哥哥，木屑會讓小綠皮膚癢，建議墊料可以換掉唷！
我的腳！
我的腳！
之前我有用過碎石頭，但是他的腳會被卡住……
石頭大小塊混用，就不容易卡腳了。
原來如此！
嗯！
嗯！

換成大籠子，裡面布置食物盆、水盆，和可以攀爬的木頭，
這樣小綠的生活環境會更舒適唷。
水盆最好大一點，才方便喝水。
可是他每次都打翻水盆，我還想過要不要直接養在浴缸……
擦
擦
蛤!?

我看他很喜歡泡水，不能直接養在水裡嗎？
不行啦！
雖然泡水的確可以舒緩小綠的皮膚癢，
也會讓他大便比較順暢；
但是浴室沒有讓他攀爬的樹枝，也沒有足夠的陽光。
我想要曬暖暖的……
一直這樣泡水，皮膚會爛掉喔！
什麼!?

小綠因為皮膚潰爛造成免疫力下降，也會影響胃口唷！
竟然這麼嚴重……
哥哥，你真的需要加強照顧他的知識吔！
可是……可是我又不是他真正的主人……
那你想請動保處來處理嗎？
不行啦，他也是一條生命！
既然如此，我們就來好好討論如何改善吧！
加油
加油!!

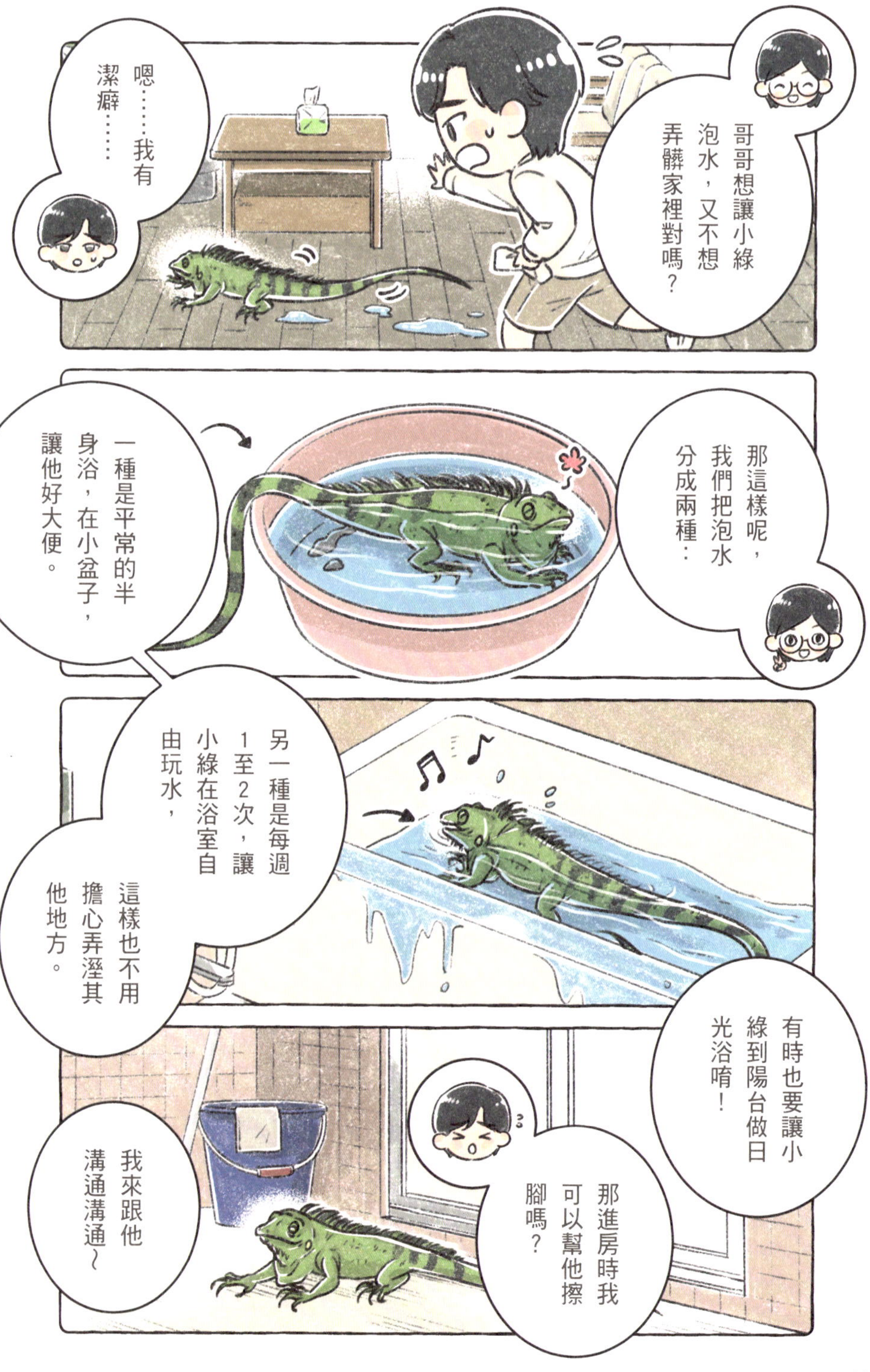
哥哥想讓小綠泡水，又不想弄髒家裡對嗎？
嗯……我有潔癖……
那這樣呢，我們把泡水分成兩種：
一種是平常的半身浴，在小盆子，讓他好大便。
另一種是每週1至2次，讓小綠在浴室自由玩水，
這樣也不用擔心弄溼其他地方。
有時也要讓小綠到陽台做日光浴唷！
那進房時我可以幫他擦腳嗎？
我來跟他溝通溝通～

如何？這些玩水跟曬太陽的方案，你可以接受嗎？
聽起來還行啦……要說到做到喔！
如果哥哥太忙，沒辦法讓你在浴室玩水，
就會給你新鮮菜菜，但你要趕快吃完唷！
還有從陽台進房子，哥哥會幫你擦腳，
不可以生氣，哥哥會怕！
哟！好囉嗦！
是好勇敢！

哥哥真的有想為你改變唷。
我知道他想照顧我，但是我也感覺到他很怕我。
哥哥會嘗試克服恐懼照顧你、習慣你，
也答應會多學習關於你的知識！
那你幫我跟他說謝謝啦，我知道他有勇敢。
原來……他知道嗎？
當然，只是你看不太懂而已。

其實……我也曾經想放棄，但如果小綠知道我有努力，
我會好好認真考慮跟他繼續生活，
也希望他可以考慮我！
加油喔，哥哥！跟小綠一起努力吧！
謝謝你告訴我這些！
後來，哥哥正式登記成為小綠的主人。
人蜥相處也愈來愈順利了，可喜可賀！

你的皮膚
變好好啊！

寶寶來了！

哇～超可愛！
哥你看！
現在看起來感情好好啊！
哈哈，想當初還擔心他們會不接受呢！

懷孕初期——
大消息！大消息！
之後有小寶寶要來家裡囉！
那是什麼？
就是小小的人類，爸爸媽媽的孩子喔！
那我要女生，才會跟媽媽一樣漂亮！
那我也想要女生！
哈哈哈！這不是你們可以決定的啦！

然而，懷孕並不是件容易的事。
嘔～嘔～
媽媽還要一直吐多久？
我不想要爸爸、媽媽再這麼辛苦！
上次說的「之後」還要多久啊！
快了快了！還會再有一些變化喔。
到時候你們要一起幫忙建立新生活唷！

媽媽生小孩的時候，會先跟小寶寶在外面住一陣子，
不過你們放心，爸爸晚上都會回來唷！
蛤？為什麼？
怎麼這麼麻煩，小寶寶不會自己走路回家嗎？
因為寶寶要夠大、夠強壯才能回家呀。
時間過得很快……

產後一個月，每天只有爸爸會回家。
來，這個給你們聞看看！
這是什麼？
有媽媽的味道吔。
還有酸酸的味道！
這是寶寶的味道喔～
原來寶寶是酸的！
嗯。

到了寶寶真的回家那天。
喀啦
我們回來啦！
這就是寶寶？

為什麼他都不會動？
嗚
哇
哇～
寶寶肚子餓了，讓寶寶先吃飯吧。

你有聞到那個酸酸的味道嗎？
聞
聞
我知道了，是我們家孩子的味道。

……
欸，你去
腳那邊。
？
這……
這裡嗎？

太可愛了！
不知道他們怎麼睡成這樣？
寶寶會冷，好可憐。
他沒有毛欸！
不會可憐啦！

注：本案例是天選之家，動物跟新生兒要好好相處，還是得透過許多練習才行唷！

這是誰的家？

老白……寶貝老白呀～
期待！
喵～
這隻貓媽媽懷孕了，需要有地方休息，
先讓他待在我們房間好嗎？
我保證不會有下次了！
隔天……
天啊……！

等我一下喔，馬上好了！
汪汪！
汪汪！
喵～
喵～
原來，老白的媽媽是中途媽媽。
汪汪！
汪！
來了來了，別急！
這次他碰到了棘手的問題，
喵嗚～
喵嗚～
中途貓房中的氣氛十分糟糕……
別撞了，你會受傷的！
喵嗚—
砰！
砰！
即使用布隔開，黑貓仍時常情緒激動。

黑貓一直發脾氣，賓士媽媽根本沒辦法安心待產，
我才想說移到我和老白的房間……
讓我們先跟黑貓聊聊看吧！
我要出去！
我不想跟人住，也不想跟貓住！
外面有狗吔！你知不知道他們會把貓咬死？
讓狗離貓這麼近，他根本不是好人！
汪
汪
汪
的確……
只要聽到狗在叫，他就撞得更厲害了。
別緊張！沒事的！
砰！
砰！

人類很過分，我一點都不想跟他們一起！
很假、很噁！
他真的很不喜歡，每次都吼著要出去，或是叫我們去死。
那個人類要我過他想要的生活，也沒問過我！
我會幫你找新家的……
好啊，我就一直生氣，讓他也生氣！
你不是來幫我的嗎？
叫他放我出去！

老白媽媽，
你有沒有考慮先將黑貓託給其他人，
或是放回原地呢？
可是都帶回家了，就要負責到底，我應該送養他啊！
但是這隻貓喜歡獨自生活，不想、也不喜歡跟人類在一起吔。
關於送養，媽媽可以再多考慮看看。
現在這個階段，建議先使用一些讓貓咪情緒安定的產品，
至少讓黑貓舒緩一些唷。
AnxitaneS
STRESS RELIEF SUPPORT
PET remedy

黑貓不想跟我們住，我也不喜歡家裡一直有別的貓！
所以你才在房間亂大便嗎？
因為媽媽說話不算話！
我已經不想說「你把自己照顧好，再去照顧動物」，
因為他不喜歡照顧自己！
我已經說了好多次，不要讓別的貓住在我的房間！
如果媽媽已經忘記要尊重我，不用愛我也沒關係！

老白，媽媽不是故意的，這次是特殊狀況……
你每次都說是特殊狀況！
我已經把很多空間都讓出來，也把媽媽的時間都分了出去！
現在連一起好好睡覺都做不到，
他不想當我媽媽，那我也不想當他小孩！
老白……
我來跟媽媽好好說，老白別氣唷～

如果讓賓士媽媽在客廳住獨立籠子，用布蓋著呢？
可是這樣一直關著他，會不會不太公平？
媽媽，這麼擁擠的空間，對每隻動物都不公平喔。
生存空間不斷受到壓迫，讓大家都壓力很大。
這裡好擠！
好臭！
廁所裡有別的貓大便！
我不想看到他！
滾開！
去死！

我不想要一個累死的媽媽，這不像媽媽。
……
老白，對不起……
可以的話，你應該請人幫助你照顧這些貓。
我……我會試試看的！

一個月後……
謝謝春花媽用心幫忙，最近，我將兩隻狗送回鄉下老家了。
少了狗叫聲，黑貓穩定許多。
順利送養幾隻貓後，賓士媽媽總算可以安心待產。
我跟老白也和好了，以後我會守住對他的承諾，尊重他。
當然，也會照顧好自己，量力而為！

人好
動物好
不錯吧，哥！
還可以。

PART 3 在一起的日常

雖然溝通了許久，但人鳥還是難以有共識。
要讓雙方都舒適，好難呀……

喬遷之喜？

好的、好的。
真是不好意思呀……
我了解，我會盡快處理的！
啊……這下得搬家了，
要帶著這麼多動物一起可不容易啊！
搬家這件事連人類都覺得很辛苦……
更別說動物要適應新環境了。
想要和大家一起順利搬遷，該怎麼做呢？

步驟1：告訴動物搬家的規劃。
搬家！
各位……我們之後要換新家囉！
大家對新家有什麼期待呢？
喔～
媽媽會盡力做到，
搬家會讓大家過得更舒服、更好唷！
我要自己的房間！裡面都是罐罐！
媽媽，我要幫你搬箱子！
新家要有男主人吧！
經過一番努力之後……
大家！我找到我們的新家囉！
啊男主人找到沒？

步驟2：搬家前一到三個月，陸續放紙箱在家裡。
慢慢打包，讓動物們有時間適應。
你這樣我怎麼裝行李？
小撇步：讓外出籠成為貓咪自由進出的空間。
平常就打開放著，可以讓貓咪習慣唷！

步驟3：搬家前一個月，盡量讓動物放輕鬆。
用動物使用過的布巾擦紙箱，
讓行李充滿動物熟悉的味道。
使用插電式費洛蒙，讓貓更放鬆。
客廳、廚房、房間都放好了！
新家的各個空間也需要放置喔！
比較容易緊張的小孩，可以加上情緒放鬆的食用保養品。
我也要！
你也有啦，去旁邊吃！

鏘鏘！
看我的厲害！
步驟4：入籠訓練，讓動物對進入外出籠不再害怕。
小撇步：規劃好搬家步驟，減少對動物的干擾。
先在新房間休息一下，外面搬好再出去唷！
是要①：讓動物先進駐；
趕快整理好，就可以把大家帶來新家了！
還是②：行李先搬入，整理好後再接動物入住呢？

步驟5：到新家時，出籠順序有訣竅！
可讓關係親密的動物互相陪伴。
還可讓囂張的孩子晚點進場，會容易安分一些。
騷擾慣犯
都有別貓的味道⋯
出籠順序有機會改變動物間的關係。
我再也不是老大了⋯⋯！
你本來就不是⋯⋯
不用急著要動物認識新家，放鬆即可。
至少花半天時間，不受打擾地陪伴他們。

不同的動物組合，也可以有各種應變方式。
老比喜不喜歡這裡呀？
譬如這組老貓與幼犬，
媽媽們希望老貓可以安心適應新環境，所以讓貓咪先進新家。
幼犬帶到外面玩耍放電。
斑斑！GO！
狗狗玩累了，就沒精力打擾老貓慢慢探索。
計畫通～

而這組多貓家庭，也有公貓喜歡欺負母貓的問題。
分房放出籠，給彼此多一點空間！
來看看我的新地盤！
……！
都被占完了……沒有地盤了……
我懂……
這招很好用吧！

還有一位難以適應新環境的狗狗……
嗚～嗚～
柔柔別哭，只是暫住這裡，等家裡裝潢好我們就回去囉！
不然……明天帶你回去看看好嗎？
怎麼這麼害怕……？是不是味道太陌生了？
嗷嗚～嗷嗚～
怎麼辦，兩邊他都沒辦法安心待著……
讓我們為柔柔多增加一些熟悉感吧！

可以請家人常來租屋處陪他。
家裡裝修好之後，
讓柔柔多待在改建較少的地方，慢慢習慣。
在更新較多的地方，放柔柔慣用而且有他氣味的物品。
多花點時間準備，讓動物們知道這些改變是好的，
大家就可以更輕鬆地一起享受新生活唷！

大家都過來了，
但只有我一個人
整理啊！

慢慢走，慢慢老

哇，這隻狗看來年紀不小了……
春花媽，我真的好困擾！
哥哥最近變得好貪吃，吃過還一直想要再吃！
我想吃東西！
喀
喀
剛剛才餵過而已！
可是吃多又會拉肚子，
不給他吃的，他就會用頭去撞柵欄。
砰！
砰！
不要再撞了啦！
可以跟哥哥說清楚，不要一直討吃的嗎？
我來問問他唷～

以前妹妹都會給我吃的，現在……
現在都不給了哩！
我好餓喔！
嗯嗯！
還有……
妹妹現在都不給我吃的！
我會餓吔！都不給我吃！
……？
跟哥哥溝通的感覺不太順吔，
他會重複講一樣的事……
哥哥有癲癇或失智嗎？
……對，
哥哥他……失智了。

以前我跟大家一起住，但是住在小小的地方。
那你跟妹妹感情一定很好囉！
現在我跟妹妹住了！
對呀，妹妹還會帶我去泡水！
哥哥！加油！
那是復健，對你的身體好喔！你喜歡泡水嗎？
我喜歡泡水後就可以吃東西，嘿嘿～
唉，我就知道……

哥哥他失智，只要討吃的家人就會餵，後來胖到都不能走路。
他太胖，不能再餵了！
帶哥哥去復健之後，現在他起碼能走了。
總算減肥有成！
呼
呼
可是他有時候會變得好焦慮，
會很用力不停地走，腳都破皮了！
怎麼了？
怎麼了？
我現在不知道怎麼幫他才好……

妹妹，我想是因為失智讓他行為異常，
建議可以帶去專門的精神科檢查。
也可以諮詢行為學醫生，看是不是需要用藥改善。
這個看醫生吃藥會好嗎？
有舒緩作用的藥物幫助，可以讓哥哥更放鬆唷。
除此之外，幫哥哥打造安全的環境也很重要！
不要再撞了！
我建議把柵欄換成軟墊，
好清潔又不容易讓哥哥受傷。

你還擔心他一直鑽牆角對不對？
好了啦！別鑽了！
你連這個都知道啊？
他覺得自己塞在角落的時候，比較有安全感喔。
點頭
你可以做一個角落讓他擠，就不怕受傷了！
蹭
蹭
妹妹自己也要放鬆心情，一起提升生活品質，人好狗也好唷！
謝謝春花媽！

面對老化，每隻動物也有不同的情況，例如：
上次聽了你的建議，很有效果唷！
真的嗎？太好了！
用通道輔助之後，感覺木木開心多了！
能靠自己力量走路，果然比較有成就感！
還有：
阿吉失智了，一直抓門抓個不停，該怎麼辦？
可以試著在門上貼貓抓板給他抓，
喀！
喀！
喀！
喀！
適度的發洩對阿吉也好喔！

我們家的高齡腎貓二姐，每天都要打皮下注射補水。
我們先把水弄溫喔～
能讓動物舒服是很重要的。
二姐好棒喔！
還有要吃藥喔！
大功告成！
天啊，你真是世界上最棒的貓了！

後來，妹妹和哥哥的情況也好轉了。
哥你看，他們開心多了！
嗯，不錯。
甜姐也有高齡失智的症狀。
我餓了啦！
姐，你來啦！
飯呢？好餓喔！
剛剛吃過了啦！
不只是動物在面對老化，人類也要學著怎麼跟高齡動物相處。

甜姐開始分不清黑夜白天。
快啦，散步時間到了！
現在大半夜吔……
砰!!
汪！
汪！
汪！
他的五感慢慢退化，對聲音變得敏感。
雖然還是不時會發脾氣，貓咪們也能包容他。
汪！
汪！
汪！
汪！
汪！
在就醫用藥後，甜姐的情況也改善許多。
面對老化，是人與動物要共同面對的功課。
讓我們一起慢慢變老吧。

姐，不管你
變怎樣，都
是最可愛的！
好了啦！
飯咧？

只剩我一個鳥

鍋鍋的情況愈來愈嚴重啊，怎麼辦……
醫生的藥有吃嗎？
是有吃，但還是一直啄毛。
該做的都做了，看來……
還是因為「貼貼」吧。
唉～
唉～

看照片要有點心理準備唷……
哇……
貼貼不見之後，他開始自殘……
而且愈來愈嚴重！
我們帶去看醫生、吃藥，也都沒用！
春花媽，可以請鍋鍋不要再把自己啄成這樣嗎？
好，我試試看！

你這樣一定很痛吧？
當然痛啊！
那你願意跟我說，發生什麼事嗎？
我好煩！不能在天空飛！也不能去外面！
一個鳥無聊死了！
鏘!!
聊……
聊不痛嗎？
現在他也不在！我能怎樣？
就只能拔毛生氣啊！
你是說貼貼嗎？
對！就是他！就是他讓我一個鳥留在這裡！

原來鍋鍋有個另一半，貼貼。
他會細心幫鍋鍋整理羽毛。

他們整天一起玩耍。
跳！
嘿嘿！
你慢慢來！

更喜歡一起去放風飛行。
你要跟好唷。
好！
好舒服啊！
那再飛一次！
一起飛果然最棒了！

直到那天……
咻
碰!!
嚇死我，什麼聲音啊？
貼貼！
貼貼呢？出來，你快出來啊！
貼貼，貼貼！
貼貼，快回來啊！
快回來我身邊啊！

我好想貼貼……
現在就算生氣，也沒有鳥會安慰我了。
鏘!!
以後還是別帶出門放風了吧。
要不然像上次那樣，唉……
鏘!
鏘!
我失去了貼貼，也失去了天空。

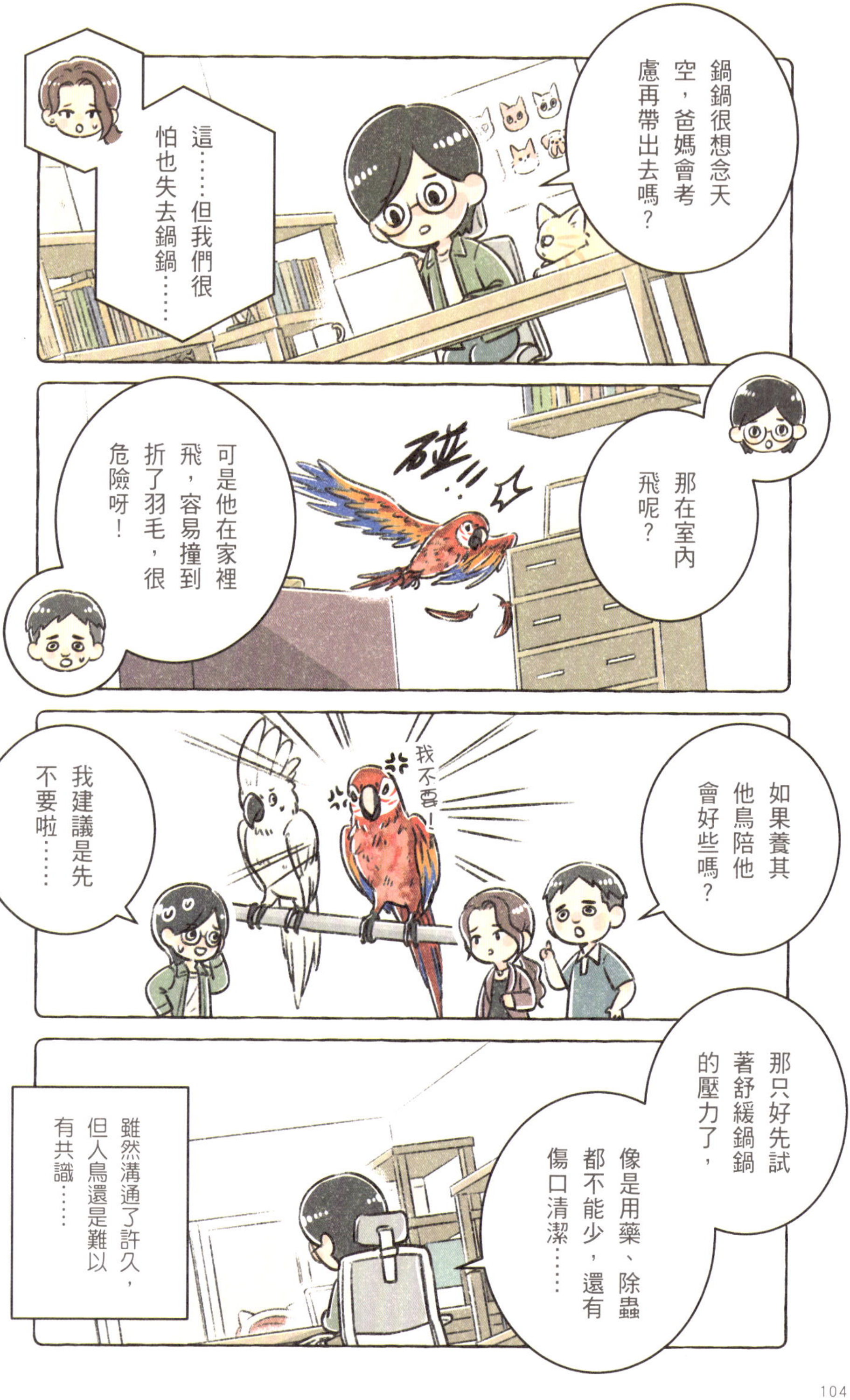
鍋鍋很想念天空，爸媽會考慮再帶出去嗎？
這……但我們很怕也失去鍋鍋……
那在室內飛呢？
碰
可是他在家裡飛，容易撞到折了羽毛，很危險呀！
如果養其他鳥陪他會好些嗎？
我不要！
我建議是先不要啦……
那只好先試著舒緩鍋鍋的壓力了，
像是用藥、除蟲都不能少，還有傷口清潔……
雖然溝通了許久，但人鳥還是難以有共識……

跟鳥類的溝通，常常圍繞在生活空間的問題上。
人類的家具阻擋鳥類飛行，
鳥類大小便則影響人類居住品質。
多鳥家庭若空間不夠，容易造成打架或是啄毛自殘。
人類的環境真的適合讓鳥居住嗎？
要讓雙方都舒適好難呀……
哥，不知道之後鍋鍋能不能好一點……
這種問題不是你自己可以解決的，
你有盡力溝通就好！

我看是你想吃吧！
別煩了！吃零食心情會好很多唷！

PART

4 當我們不得不道別……

等到我變成光，我會照著你，等你走來。

你記得我，就會找到我。

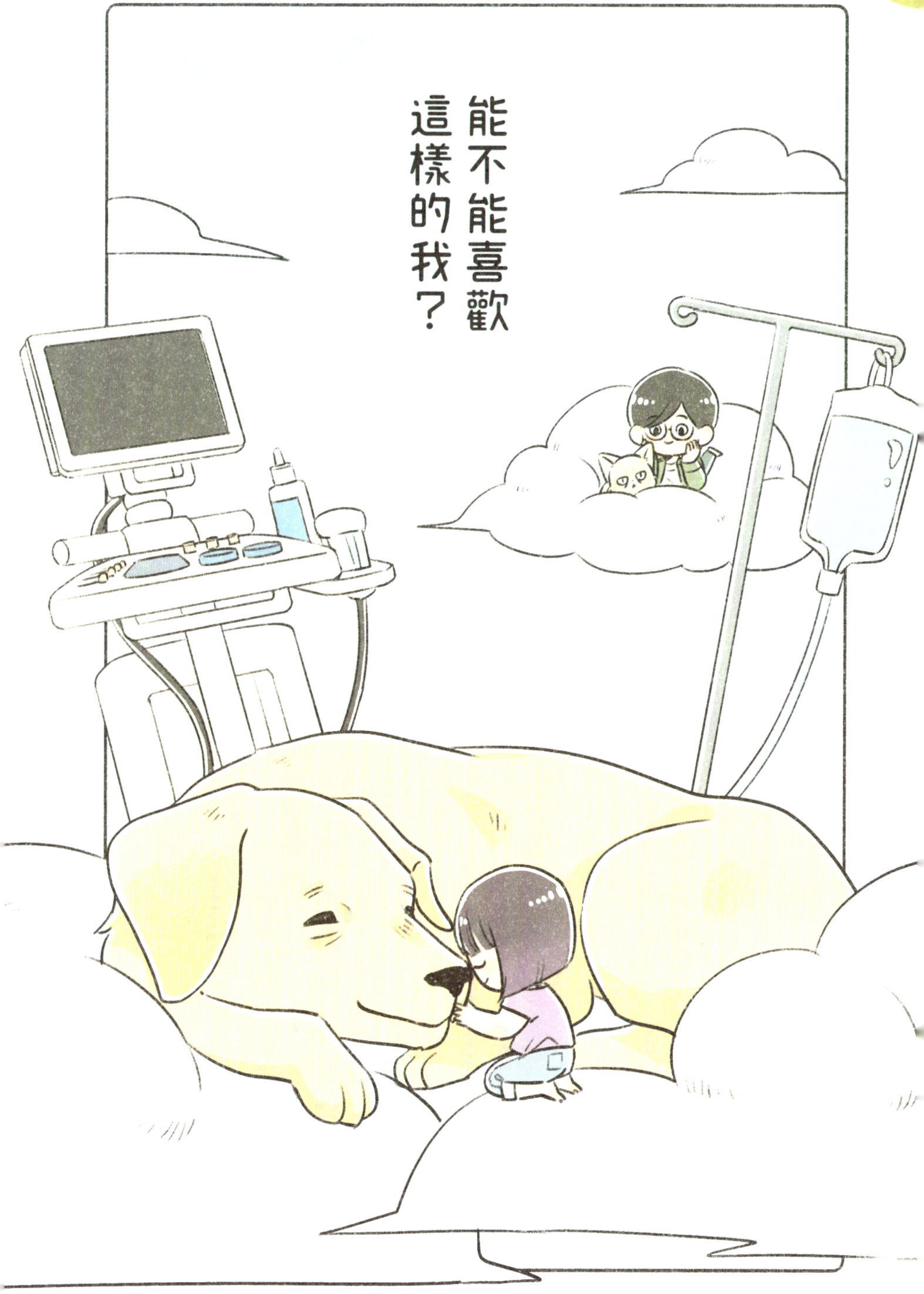
能不能喜歡
這樣的我？

喔？等下要溝通的對象是大波波啊？
時間
動物類別
名字
初次溝通
貓
KIKI
是
黃金鼠
小米
是
狗
大波波
否
貓
揮揮
否
鸚鵡
阿比
是
不知道他腫瘤術後恢復得如何呢～
咦？
怎麼會……!?
初次溝通
備註
是
小米
是
大波波
否
離世溝通
否
是

那姐姐你……現在還好嗎？
嗯……
我也不知道……
本來想說手術順利完成，
叮鈴鈴～
要找你跟大波波一起討論接下來的事。
沒想到……

春花媽，
我是不是做錯了？
當初是不是不該要他做手術？
不是的，不是你的錯唷。
可是，我好後悔……
姐姐，你還記得我們當初跟大波波討論的嗎？

腳和肚子的腫瘤要切除，有一定程度的風險，
要有心理準備。
之後大波波的腳可能會無法行走，
甚至也有死亡的機率。
大波波會願意接受手術嗎……
我來和他說明唷！
那就把腳上的那個割掉吧！

你願意動手術嗎？
那肚子裡的怪肉呢？
對！我不想要腳上有怪肉！
那個不要，開肚子好可怕！
那就先把腳的手術動完，
之後再說服他開肚子的刀吧！
是我太貪心了，我覺得手術可以讓大波波陪我久一點，
是我害了大波波……
不是我決定的嗎？姐姐幹嘛這樣說？
人類就是這樣，動不動就覺得是自己的錯。

如果不動手術，你是不是就不會死掉了？
我不知道啦，可能會更快死？
但是拿掉腳上的怪肉很好啊！
姐姐，大波波說你再這樣，他要咬你了唷！
蛤？
不可以啦，咬咬壞壞！
姐姐亂罵自己才壞壞！

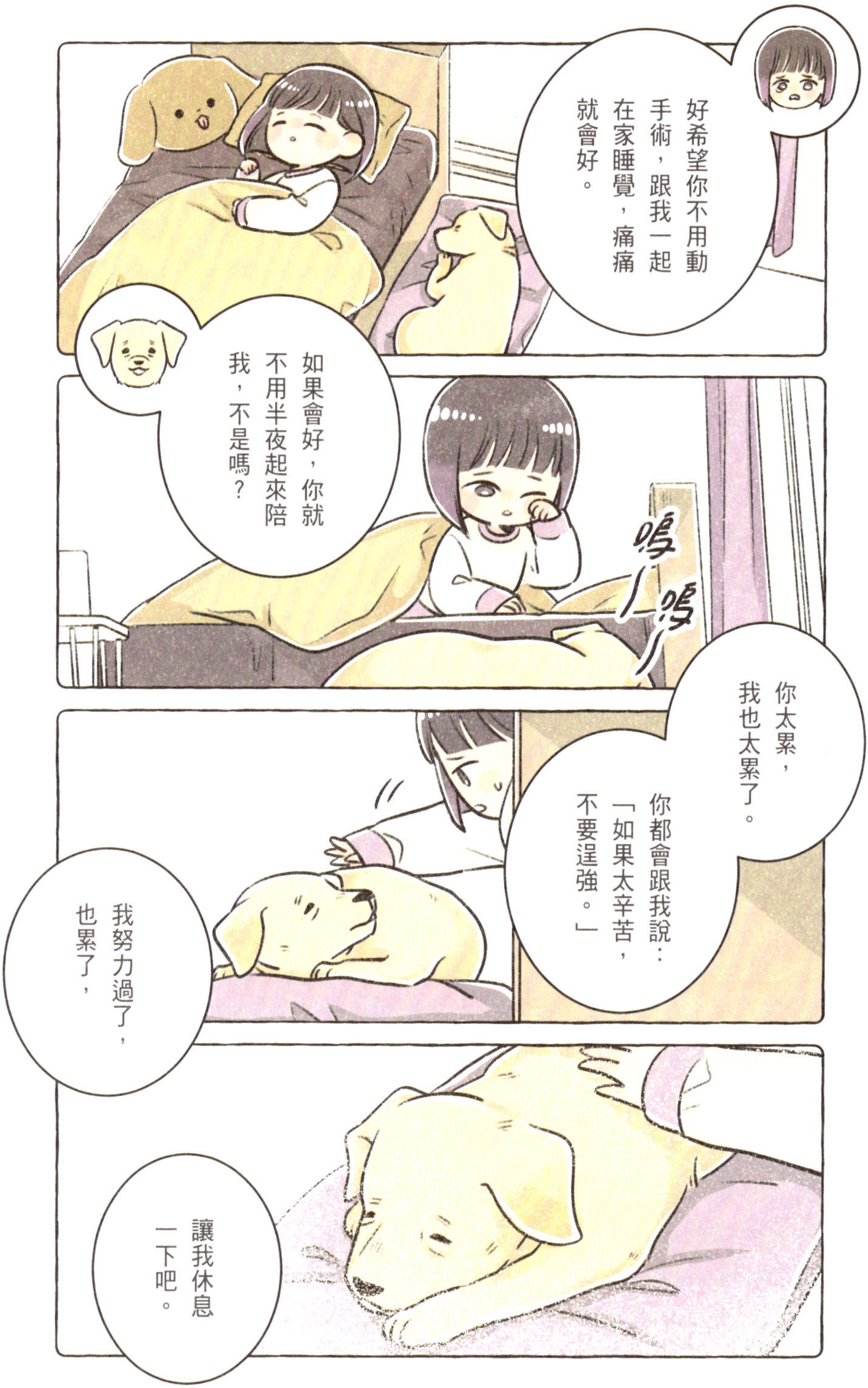
好希望你不用動手術，跟我一起在家睡覺，痛痛就會好。
如果會好，你就不用半夜起來陪我，不是嗎？
嗚～嗚～
你太累，我也太累了。
你都會跟我說：「如果太辛苦，不要逞強。」
我努力過了，也累了，
讓我休息一下吧。

嗚—嗯—
我……
嗚……
你在哭什麼？
我喜歡現在這樣，可以很快地到姐姐身邊。
你也可以喜歡一下這樣的我嗎？
嗯！好！

大波波現在開心地手舞足蹈喔！
真的嗎……太好了！
怎麼又哭了啦？
這是開心的哭啦！
我們結束了溝通，把空間留給他們。

就算知道已經盡力了，遇到這樣的事，
還是忍不住怪自己沒做得更好呢。
都盡力了，幹嘛庸人自擾？
我們就是庸人嘛。
平常把想說的都好好說出來就好了，
不用事後才一直後悔。
啾
啾
哥～我愛你！

啊你是要哭到幾點？
响……我不能感傷一下嗎！

安樂的離別（上）

媽媽跟米香都很勇敢喔。
謝謝你，讓我可以確認米香的心意，跟他道別……
祝福你們，一切順流。
這場溝通很不容易。
嗚嗚……
媽媽怎麼了？
萌萌……我好希望你們長命百歲啊！
活這麼久幹嘛，是要當妖怪喔？
嗚……可是要送走你們太難了，「安樂死」又更難了……
？

什麼是安樂死？
是誰會死掉嗎？
不是啦，是…
我不想聽!!
NO～!
不要講什麼死不死的啦!!我不要啦！
這種問題總有一天要談的，
不如就好好說個明白吧。

於是，我們開啟了這場談話。
簡單來說，「安樂死」可能發生在……
當動物病得太嚴重，無法治癒，而且很痛苦時，
家長就可能會請醫生幫忙，使用一些藥劑，
讓動物結束生命，離開缺乏品質的生活。

或像是在收容了很多狗和貓的地方，
汪
汪
因為資源有限，沒辦法提供足夠的食物或空間，
汪汪汪
只好選擇請醫生將其中一些動物安樂死，
讓收容的地方能維持比較好的生活品質。

是誰決定可以讓醫生來安樂死的？
……是人。
都你們在講，最好是真的！
所以有些人會先和動物討論，確定動物的意願。
像是媽媽剛剛工作溝通的「米香」？
沒錯。
因為工作關係，常常會和案主討論如何面對死亡，
但自己要面臨這件事時，依然……
當生命中重要的存在，變成了認不出的樣子……

阿公走掉，你也撐過來了。
畢竟在一起這麼久，就這麼不見了……
你知道阿公沒有不見，他還是一直在的。
……要再花一些時間去習慣呢。
嗯！
有好好地想過，死亡就不可怕，我們都一樣。
習慣活著，就會習慣死亡，練習就好。

那你覺得，我們怎麼樣死會比較好呢？
嗯……就是活得很老，老得健康。
最好是在睡覺的時候，舒舒服服地離開。
你別死，你不能死，我也不想死啊！
不想死也會死，先聊聊也是練習。
不要練習這個啦……

如果有一天我真的活得很痛了，
媽媽會把我安樂死嗎？
媽媽這麼認真養你們，就是希望不要有這一天。
為什麼呢？
因為媽媽認為每一個生命都是獨特，並屬於自己的，
所以在任何情況下，我都不覺得自己有權利為你們的生命做決定……
特別是關於死亡的決定。

一直在說那些要死要死的，
抗議!!
做人做狗做貓都是要活啦，不可以要死啦！
但是我也會死吔……
噗!!
呸呸呸！
其實……跟你們談這個話題，我心裡也是七上八下的。
你知道自己會死，我們也會，是在焦慮什麼！

响唷~我就是個沒用又脆弱的媽媽嘛！
你就是你，是我們的媽媽，我知道你是好的就好。
我只是要你跟我好好講話，也好好跟大家講話。
謝謝哥，我也是要調整一下心態响。

不想聽嘛！
可是要討論啊！
真傷腦筋……

安樂的離別(中)

媽媽，我跟你說哦～
嗯？
如果我活到不像自己，也不會吃飯，你可以幫我安樂死！
你知道你在說什麼嗎!?
知道啊，如果我真的不行了，我知道媽媽一定有努力過，
而且你一定是有問過我希望怎麼做。
小花……

如果你們的身體真的變得很差，不能自己吃飯上廁所，也沒辦法走來走去，
你們不會希望我再努力點幫你們擦身體、按摩跟餵飯？
可是如果我已經有好好吃過飯，有好好給你愛過，
哥哥姐姐也對我很好，那我可以死掉了。
妹妹很棒，我也是。我會先離開，然後再回來，看你有沒有在混！
眼淚吸回來了啦。

春花哥和小花這樣說了，萌萌你呢？你會想安樂死嗎？
不會啊，媽媽沒有放棄，萌萌不會死掉！
身體都壞掉這麼久了，媽媽還是一直在照顧我。
壞的好的，我都是媽媽的啊！
萌萌有炎症性腸病(IBD)。
可是如果真的很痛，身體可能有破洞，也想要撐下去嗎？

那媽媽也會很痛，等媽媽不痛我再去死。
所以媽媽如果跟你一樣勇敢，不怕痛，
你也會勇敢，對嗎？
對啊！因為我本來就很勇敢，所以我要教媽媽勇敢。
我們要一起勇敢！
好！

是我的話，應該很有可能會安樂死吧。
……機率上來說，是的。
你會想要讓自己安樂死嗎？
會，因為我不喜歡痛，不喜歡痛是我身體的大部分。
二姐有嚴重的腎臟病。
痛很煩，你不煩嗎？
煩啊，但是想到你們都還在，
就不想這麼軟弱地輸給疼痛啊！
痛太多太久，就會變得瘦瘦癟癟的，我不想自己是那樣的貓。

我也是，但治療可能會變好。
痛不會是一直一直，這樣的話可以忍耐嗎？
忍痛不會讓我身體變好。
我想要輕盈地去當鳥，你會尊重我吧？
會，我每件事都會問你，到時候也一樣。
有遇見你，很多事情就可以了，更多的我也不需要。
知道，我們到最後都要獨立而帥氣，對吧！
是美麗。

甜姐想聊嗎？
……
如果真的不想講，可以不用講唷。
我不想講，想吃肉肉！
好啦，我來弄～
媽媽，我不會讓你安樂死。
嗯～那身體很痛很痛的時候怎麼辦？
就像你現在會努力去運動，我也會照顧自己。
我跟你在一起，不是要讓你做這麼難的決定。

我們是要一起看星星，找黑暗裡的光，往光走去。
痛痛不會擁有我，也不會擁有你的。
等到我變成光，我會照著你，等你走來。
你記得我，就會找到我。
如果有這樣的如果，媽媽再問你一次，你會給我一樣的答案嗎？
星星跟我都會讓你知道。
死亡本來就是過程，無論如何都會是快樂的離別。
謝謝歐歐，媽媽知道了。

媽媽你要來安樂死我了？
對啊，你來！
蹭！蹭！
這是壓死吧。
原來我講話你有在聽喔？
有啊，你都不知道，你腦袋不好。
那你說說看安樂死是什麼？

一件很難的事情吧，因為你說的時候聽起來都超笨的！
嗅嗅
因為真的是很難的事情啊！
太難就別想了，反正以後都會死，現在想也沒用啦。
不要這麼混，你想一下啦。
如果我不再喘喘，你就不會用那種中邪的臉看我，我覺得滿好的。
蛤？沒禮貌！
大海患有心臟病。
所以我應該是會突然死掉，你不用擔心啦～
這麼難的事還要問，先擔心你的肉湯吧，笨蛋。
糟了！

喂！
差點大家就一起安樂死了。

安樂的離別（下）

……
沒有啦，我是想說，關於安樂死的話題……
看屁啊？
為什麼你可以安樂死我!?
不是我！如果真的不幸……會是醫生來執行！
哈啾—!!
討厭醫生啦！
不要醫生啦！

當然不會隨便安樂死你，是怕如果有一天……
你的腳比現在還要糟，你會想撐下去嗎？
現在媽媽用臉壓你，你都會打我。
但那時候你可能連一點點力氣都沒有，也不能打我了。
蹭
你不要弄我啦！
不是我弄你，是「意外」，就很突然地發生了。
怎麼可能，當貓好衰！

動物都會啊，人也會。
我也可能很多地方壞掉，直到醫生說活著跟死掉差不多……
不能換醫生嗎？
那換到沒有一個醫生願意幫了呢？
醫生不可以這樣啊！
醫生已經很努力了，但有時是真的沒有辦法……
到時候再說，反正你把我用壞就要天天問我！
我想死會跟你講，我不想死就要給我吃肉肉！

不是媽媽把你用壞，你聽不懂「意外」嗎？
意外是連我都不知道的事，媽媽不會用壞我們。
你可以對媽媽亂發脾氣，但是不能亂講話！
我欺負他，他又不敢罵我！
好，到時候我會天天問你，努力讓你心情好！

甜姐你怎麼了？
嗚…
你死掉，我會哭很久，我會想你很久，
我會毋甘啦！
嗚哇哇～
我死了，你會接我，會等我，對嗎？
會啊，你又不認識路！

那就好，我不問你安樂死，不管生或死，我們都會等著對方，對嗎？
那你還會帶很多貓喔？
會唷，因為我本來就這麼多啊！
但只有我一隻狗。
對啊，我就你一隻狗！

不管是溝通還是中途，我都常常要面對安樂死這個議題。
在面對死亡時，還是有種不甘心、很受傷的心情。
遇到的當下，生命消散太快。
即使知道會再相逢，也學會離世溝通，還是要時間消化。

類似的事情，春花跟我說過好幾次。
安樂死只是一個選項，停下我們身體的痛，
不是結束我們的生命。
你一直想、一直問，就是在練習。
練習多了，到了那天就會是最好的答案。
反正以後也一定會遇到啊。
可是自己遇到還是不一樣嘛～

但還是會想，會不會其實你們是因為我才這樣回答？
我們不是在聊天嗎？就是講我們想講的啊。
你覺得我們會為了你亂講話喔？
沒有啦～只是我在討論的時候，還是會需要一直去調整自己的心態。
我不想讓自己影響到你們的想法……
真是想太多了。

所以我們花了好多時間討論呢。
當我思考自己的脆弱的時候，就會想起動物們說過的話。
覺得在黑暗中時，會試著用他們眼中的光照亮自己。
媽媽哭的時候，我可以陪你。
至少動物一直都在，我知道這是真的。

呃……
只有一隻狗，
那有幾隻貓？

學著告別

二姐是一隻特殊的貓，
從我決定領養他，就知道他不僅高齡，還有嚴重的腎臟病。
這些你都不想吃嗎？
沒關係，我們慢慢來。
只希望這段時間，你可以舒舒服服就好了。
事實上，他是萌萌帶給我的「功課」。
你帶他回來，他會先死掉，
以後你就不會怕了。

起初，二姐一直很沉默，
直到有一天……
老闆今天算我便宜，
還多送東西，嘿嘿！
你過來，我想要看看你。
！
你說你早上去哪裡？
我去市場，有買新鮮的雞肉喔！
要吃嗎？我去弄！
好，我去看你弄。

從那天起，事情開始不太一樣了。
你也在監督我嗎？
雖然二姐的脾氣比較兇，其他貓狗卻也能夠容忍。
哈—
尤其同為高齡組的甜姐，和二姐意外處得來。

我不想起來，你也不要起來。
好呀，躺著好舒服。
我問你，你知道我比你老、我會先死吧。
……我知道，怎麼突然這麼說呢!?
你不要亂動，我先跟你講我會怎麼死。
蛤？
我跟你都很努力地活著，然後我會先死。
……

我死的那天，家裡很安靜，你在工作。
我本來在你旁邊，然後我會沒力氣地去旁邊。
我覺得很冷，所以告訴你。
然後你會過來抱我，
會有貓咪也在旁邊，但沒關係。
不是甜姐在你旁邊嗎？
我還沒說完，你不要講話，
就是有貓咪會在我旁邊。

你會用那個包巾抱著我，我喘兩口氣，
然後就死掉。
你抱著我，你沒有哭，
因為我叫你不要哭。
我會變成鳥，
你跟我道別的時候會看見我的家人。
我知道你愛我的樣子，我會記住，
你已經為我做得太多了。

二姐最後一年，天天打水針。
最後半年開了食道胃管，天天灌食。
如他所說，他變得很虛弱。
但一直到最後一天，他都還有自己吃飯。

我冷。
我知道時間到了。
媽媽，你的裡面在哭。

寵物火化
受理櫃檯
天空好藍啊。
咦？
是大冠鷲？

二姐好了，可以進行下個流程囉。
好，謝謝。
再見了，二姐。

有點想念二姐吔。
那就看看天空吧。

PART 5 他們的生命哲學

這裡都是我們的痕跡。
味道沒了，但我記得那些腳印的位置，
土地也記得。

世界太大
而我太小

哇～你好，我是春花媽！
你好美，又好大啊！
是嗎？
你知道你是地球上最大的動物嗎？
真的嗎？
真的！你叫什麼名字呀？
我是拉司迪卡布。

哇，你真是太大了，我得努力游啊！
你一直說我大，你有看過磷蝦嗎？
我知道磷蝦！
我看不出來一隻磷蝦長怎樣，
但是他們聚在一起，比我還大，比我還好吃。
不管他們多大多小，都深深地吸引著我啊。
原來你是這樣看的啊！

那你有看過比你還大的生物嗎？
很多東西都比我大啊！
那些大東西上面有像你們這樣的小東西。
你是指人類嗎？你覺得我們是怎樣的呢？
小到看不清楚，總是跟著大東西一起來。

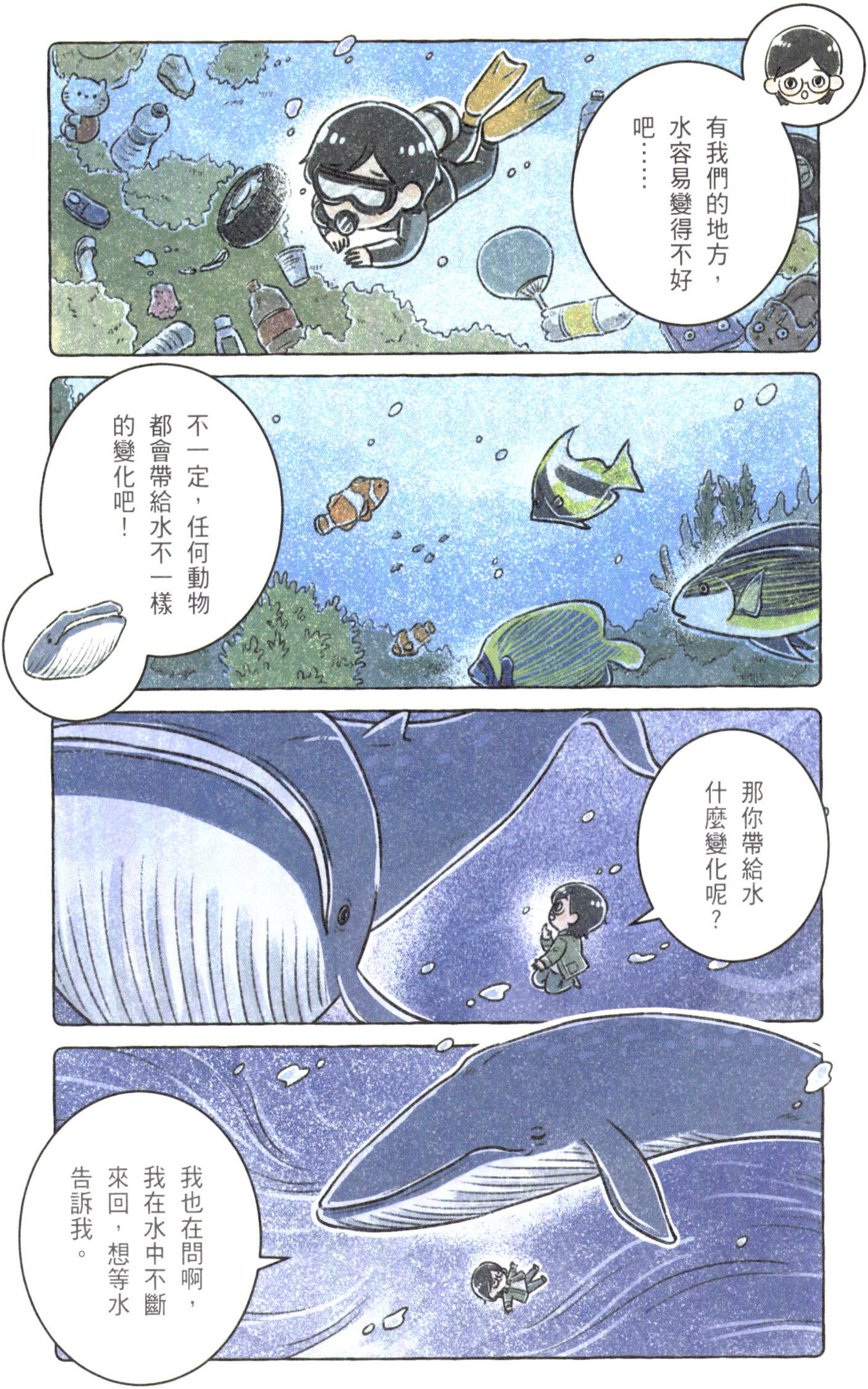

有我們的地方，水容易變得不好吧……
不一定，任何動物都會帶給水不一樣的變化吧！
那你帶給水什麼變化呢？
我也在問啊，我在水中不斷來回，想等水告訴我。

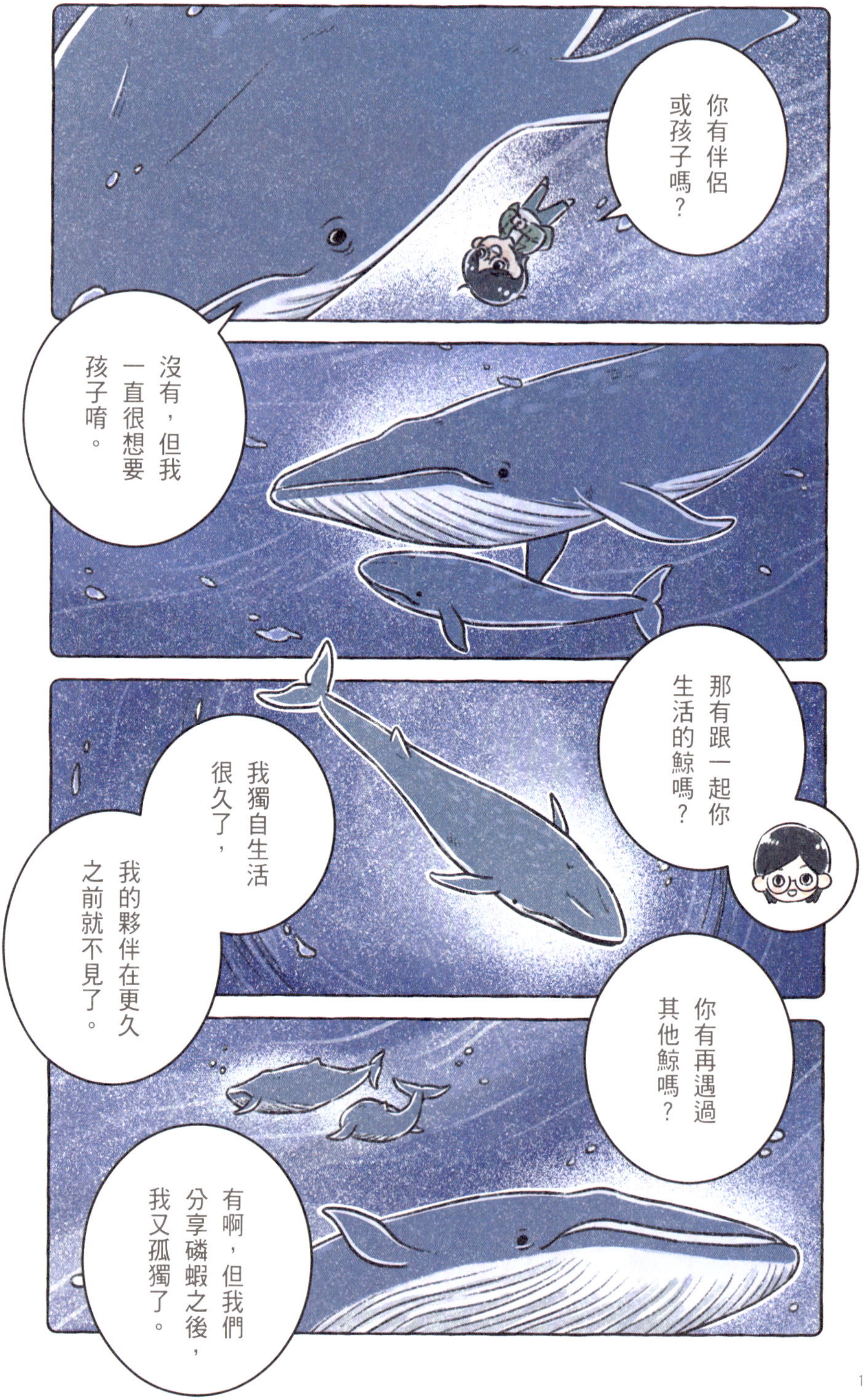
你有伴侶或孩子嗎？
沒有，但我一直很想要孩子唷。
那有跟一起你生活的鯨嗎？
我獨自生活很久了，
我的夥伴在更久之前就不見了。
你有再遇過其他鯨嗎？
有啊，但我們分享磷蝦之後，我又孤獨了。

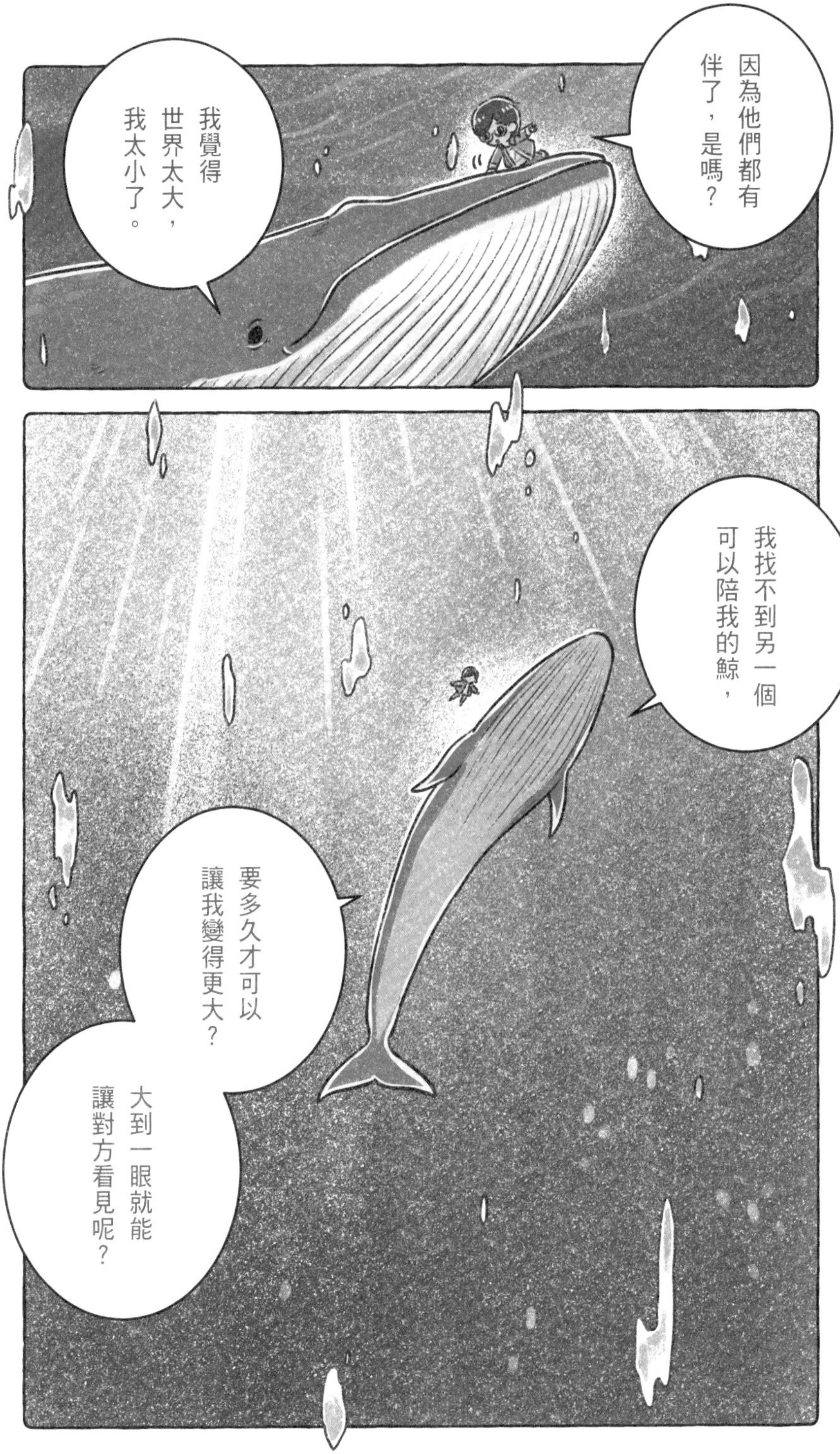
因為他們都有伴了，是嗎？
我覺得世界太大，我太小了。
我找不到另一個可以陪我的鯨，
要多久才可以讓我變得更大？
大到一眼就能讓對方看見呢？

好險你沒有天敵，一個鯨也還算安全。
「天敵」？那是什麼？
就是可以輕易殺掉你，讓你受傷的動物。
哇？有誰很想殺掉我嗎？
不是的，
有時是為了要讓自己活下去，才殺死對方。
殺了我就可以活下去……？

我有看過其他鯨魚被你們的大東西帶走，
所以你是我的「天敵」嗎？
我不是！
但……有的人確實會傷害動物……
這種感覺好嗎？
一點都不好……我也希望這種事不再發生！

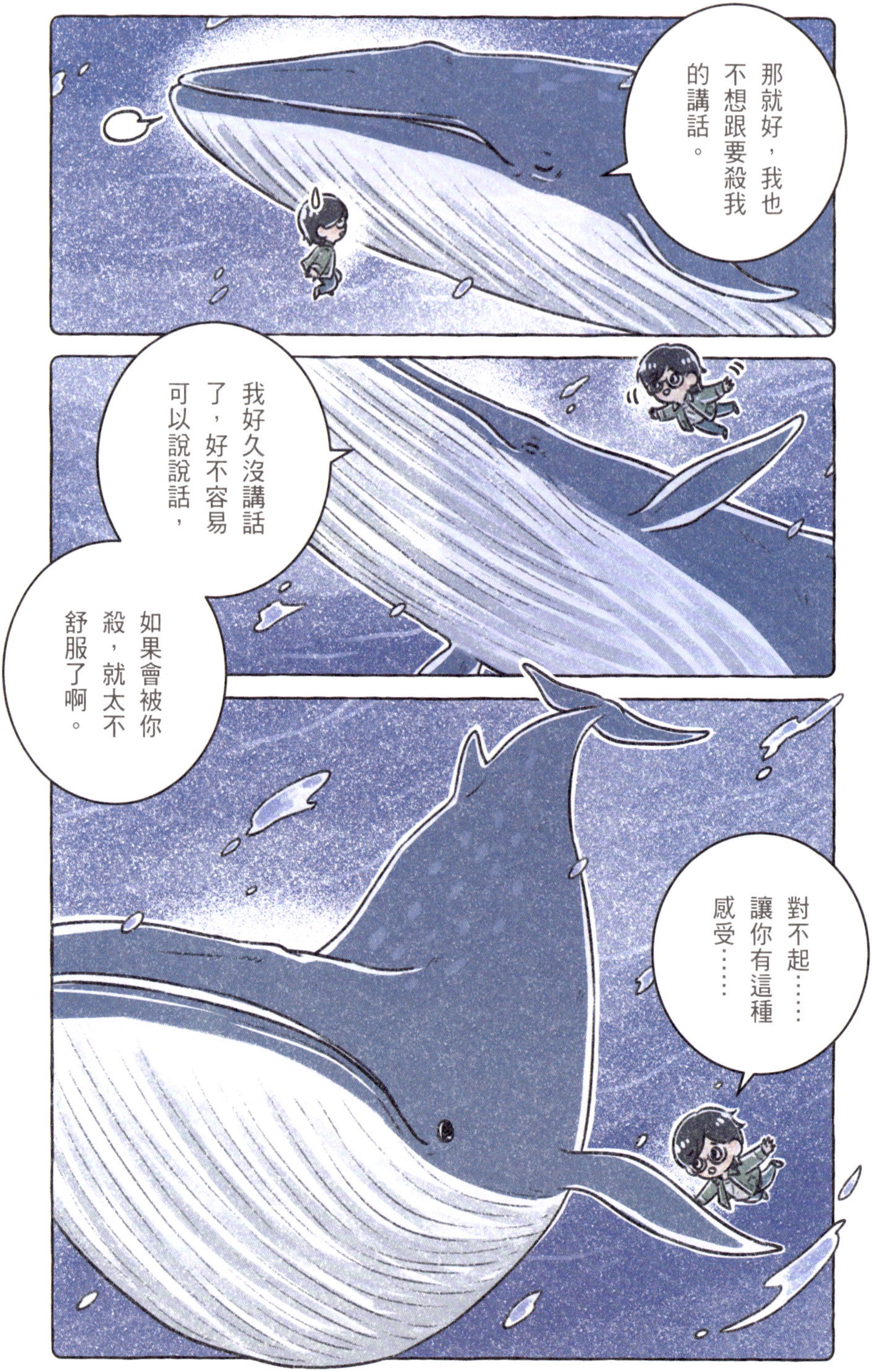
那就好，我也不想跟要殺我的講話。
我好久沒講話了，好不容易可以說說話，
如果會被你殺，就太不舒服了啊。
對不起……讓你有這種感受……

人類難道不會好奇，
沒有我們的世界，到底會少些什麼嗎？

拉司真的很好，
我拉著他的鰭，
他帶著我游……
游完記得回
來工作啊。

對我們好一點

嗨，我是春花媽。可以請問你的名字嗎？
我是璞麗塔。
你這邊的草感覺少了好多啊……
最近風太大，草都長不好了。
我這裡是熱到草不想長大。
那麼熱，你可以照顧好自己嗎？
還可以。
好，那就好。

草變少，兔子還好找嗎？
不好找，找鼠兔還容易點。*
你比較喜歡吃鼠兔啊？
我牙痛，這樣好吞。
痛很久了嗎？
很久了，牙真的好重要！
是啊，我都會去找醫生檢查我的牙。
我身邊沒其他狐，你有那種朋友真不錯。

*鼠兔：兔形目動物，耳朵短而圓，沒有尾巴，外型酷似倉鼠，主要分布在高原、山地等地區，有儲備食物過冬的習慣。

你一個狐生活啊？
是啊，阿利死掉好久了。
我們以前天天在一起，生好多小孩。
你會想他嗎？
想他的時候，就去追追其他狐，
做一些我跟阿利做過的事。

那小孩會來陪你嗎？
他們都大了。
我偶爾會看到女兒跟他的伴。
他的伴受過傷，腳壞了。
但他們還是開心生活。

你會想找狐陪嗎？
最近我找到一個狼……
追他時，我一直想到阿利。
他們的斑紋幾乎一樣！
但我再也找不到阿利了。

阿利他……為什麼會死呢？
被你這樣的動物殺死的。
對不起，真的很對不起……
我知道不是你，味道不一樣。
殺動物的人，聞起來很憤怒，
那股血腥，連土地也藏不住！

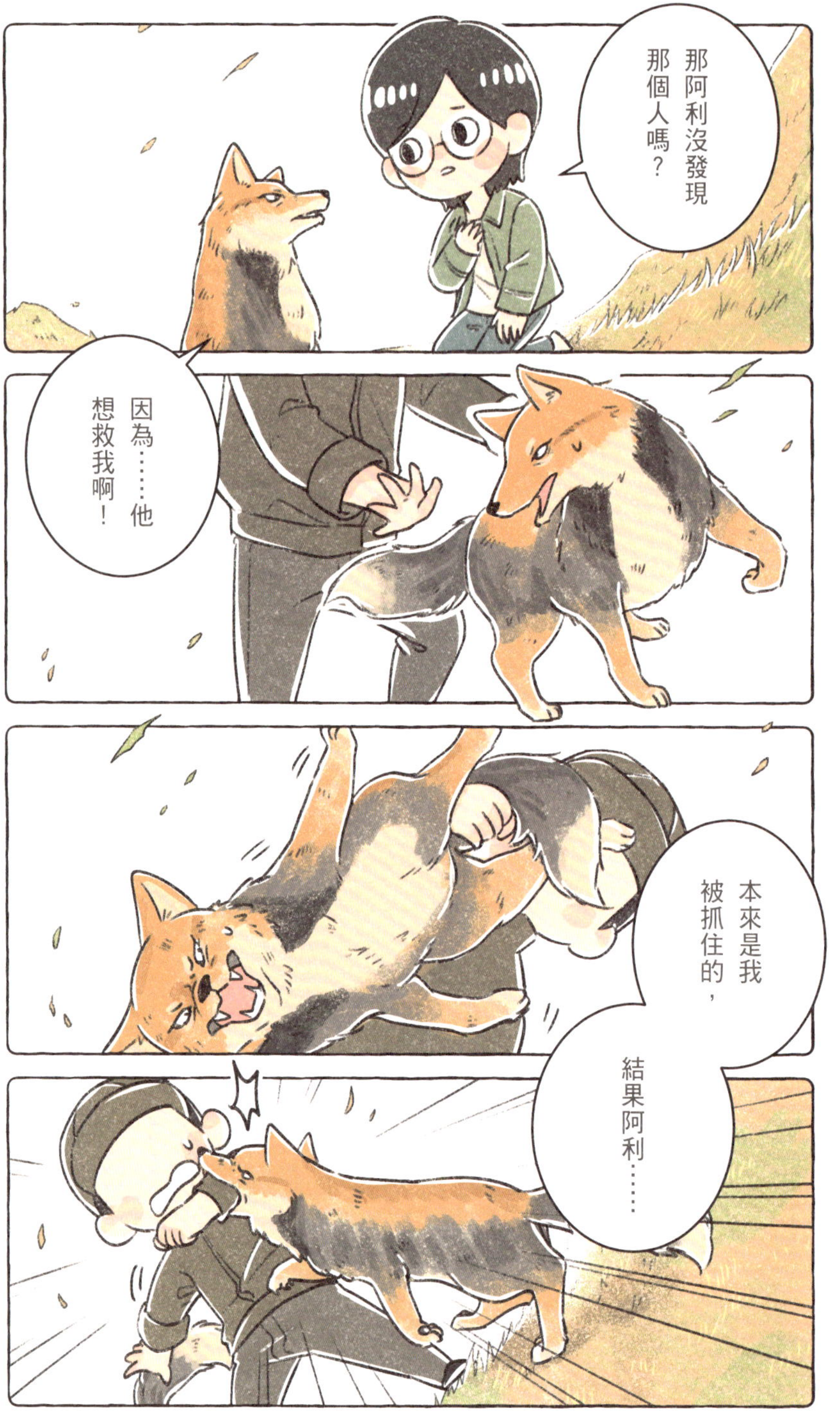
那阿利沒發現那個人嗎？
因為……他想救我啊！
本來是我被抓住的，
結果阿利……

阿利原本可以逃的。
碰！碰！
因為有他，我才能活命。
但我再也見不到阿利了。
我……嗚嗚……
別哭了。

這裡都是我們的痕跡。
味道沒了，但我記得那些腳印的位置，
土地也記得。
抱歉，讓你們吃那麼多苦……
但謝謝你告訴我這些，能遇見你真的很好。

下次相遇，請對我們好一點，
當我再看到你們，
也會對你們好一點。
好的，璞麗塔。

他們以前好幸福，
還有小寶寶……
那什麼時候
輪到你帶男
人回來？

我們是自己的

嗨，我叫春花媽，你呢？
我叫哈德斯！
你的名字真好聽！
這是我自己取的，我媽媽原本要叫我「2號」，
但我喜歡「哈德斯」！
看來你從小就很有主見啊！
我從小就很乖唷，小小的我就小小的長大！
因為我們太小了，不會跟別人爭。
豆丁海馬極其袖珍，體長僅1~2.7cm。

因為太小就不能爭嗎？
不是說不能啊，是沒什麼好爭的！
那你們怎麼生活呢？
世界這麼大，怎樣都可以活啊！
花力氣去爭，也不會吃比較飽，
更何況我們也沒有一直都很餓！
嗝
你跟人類的想法完全不同呢。
你們肚子有那麼餓啊？
啊姆
啊姆
有的人就是什麼都想爭啦！

你可以介紹一下你家嗎？
我家？這邊就是我的家啊！
我跟我家長得很像喔！
你說跟這種「海扇」珊瑚很像呀？
對呀！我安靜的話就會變成家！
融為一體
哈哈哈！真的呢！
不過我還是喜歡當自由自在的哈德斯！
嗯嗯！

其實人類也覺得你長得很像一種陸生動物，叫做「馬」！
你知道他嗎？
這是水母嗎？好巨大！
不是，這是馬唷。
馬水母？
不是，他就是馬。
喔！那是水母馬啊！
哈哈哈！

你講話好好玩，我好喜歡你！
嘿嘿！
你有喜歡的海底生物嗎？
有，黃色的魚！
我喜歡看他們游來游去！好美！
你會跟他們一起游嗎？
不會，他們看不見我，但我還是好喜歡！

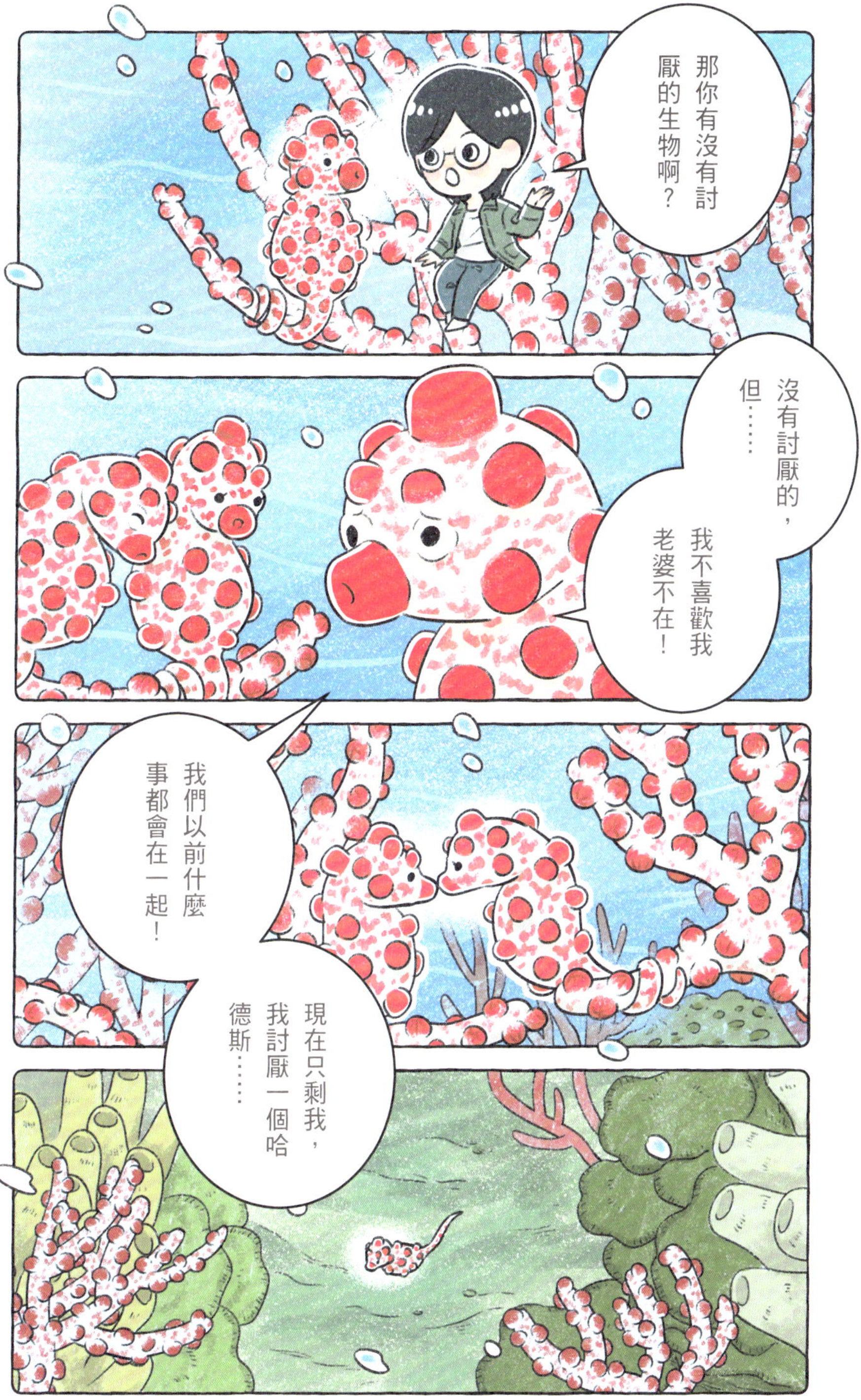
那你有沒有討厭的生物啊？
沒有討厭的，但……
我不喜歡我老婆不在！
我們以前什麼事都會在一起！
現在只剩我，我討厭一個哈德斯……

那小孩呢？你們有孩子嗎？
有啊，我跟爸爸一樣，生了好多孩子！
你們會住在一起嗎？
不會，他們都出去找伴了。
他們很棒！
以後也會生很多孩子的！

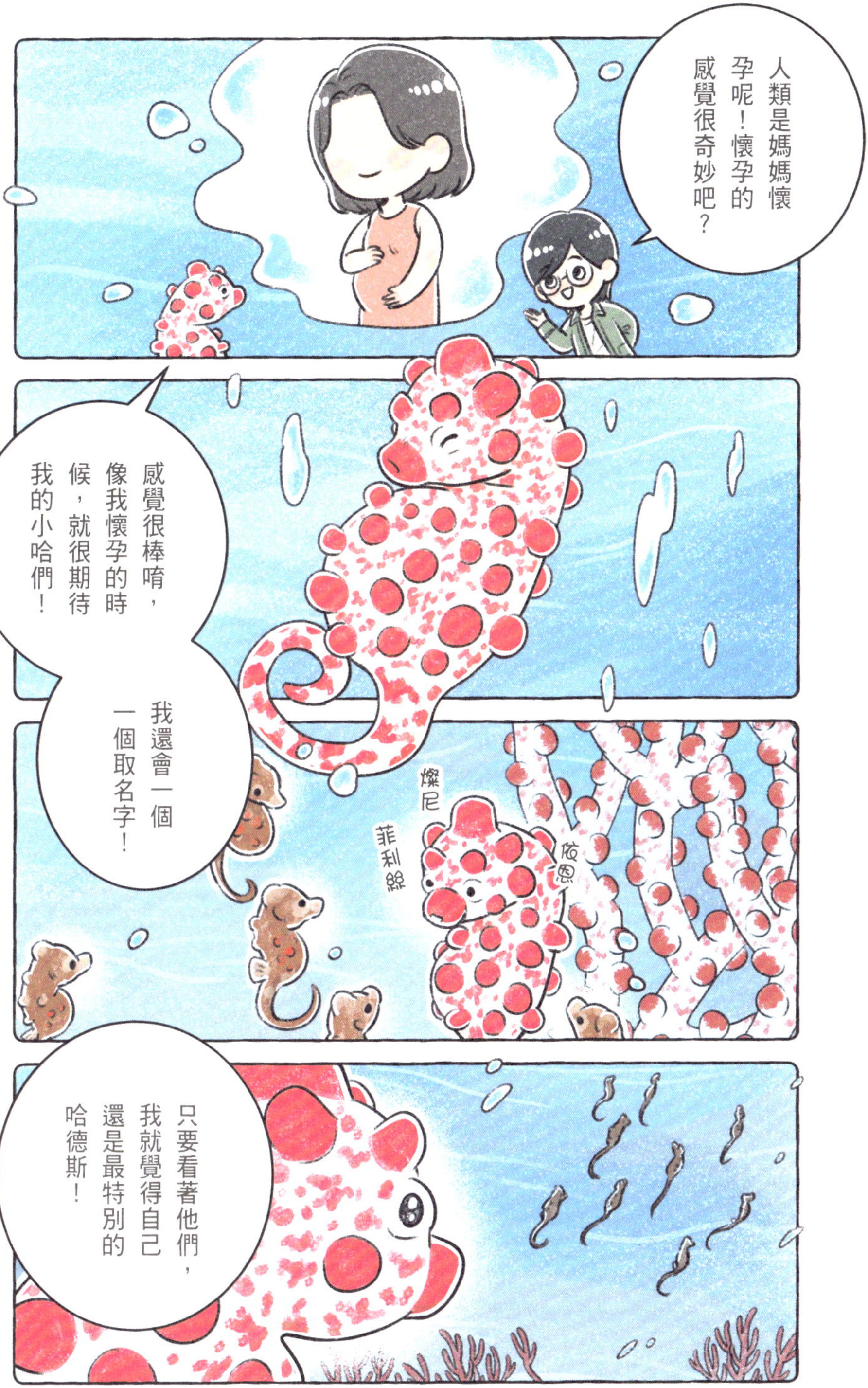
人類是媽媽懷孕呢！懷孕的感覺很奇妙吧？
感覺很棒唷，像我懷孕的時候，就很期待我的小哈們！
我還會一個一個取名字！
燦尼
菲利絲
依恩
只要看著他們，我就覺得自己還是最特別的哈德斯！

那你們是誰照顧小孩啊？
誰照顧小孩？
像耳廓狐主要是媽媽顧小孩，爸爸去外面狩獵。
皇帝企鵝是爸爸媽媽一起照顧。
不用啊，沒有誰照顧呀！
咦？

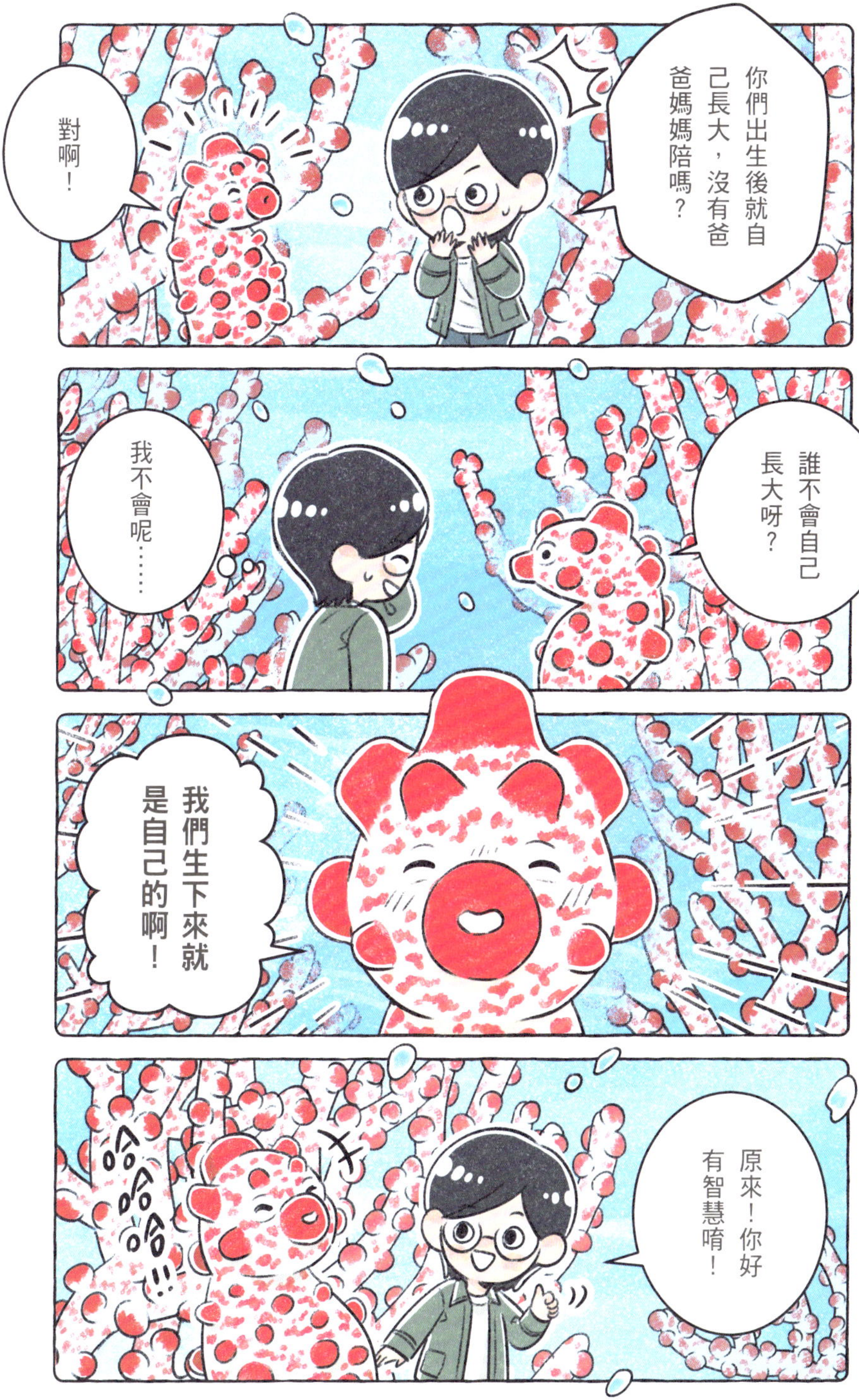
你們出生後就自己長大，沒有爸爸媽媽陪嗎？
對啊！
誰不會自己長大呀？
我不會呢……
我們生下來就是自己的啊！
原來！你好有智慧唷！
哈哈哈!!

他一次可以生出好多小海馬吔！
啊講那麼多，怎麼不快去生小孩！

預先知道的告別

沒有意外的意外，就是我們豢養的動物夥伴，都會比我們早離開，所以我一直覺得選擇有動物家人的人「很勇敢」。

在養貓多年後，我想起了國小三年級就有的夢想：「親自看到鯨魚跟養巴哥犬。」前者那時候我想的是抹香鯨，在水面上非常光滑的一種鯨，後者就是整個臉皺得亂七八糟、我愛得要命；決心長大一定要養狗，結果卻先養貓。好險我忘了國小作文寫的我的志願，但是我沒忘懷養巴哥，後來也順利跟甜甜圈——我的巴哥犬甜姐——重逢了。

遇見他的時候，他已經十歲，生過小孩，見過世界，然後預見未來會癱瘓，然後一定會比我早走。我都知道，還是歡天喜地地接他回家，覺得自己是世界上最得意的妹妹，因為我擁有了從小就夢想的狗。

然後，甜姐在今年離開我了。

甜姐一直都是排斥討論身後事的狗，對他來說，講到死就會死，很奇怪的邏輯，但是我尊重他不聊這個的意願，接受他整天在碎唸我不像樣的語言。養狗就是練修養，養貓就是練涵養，我被教得很好；但身為動物溝通者，我想踏實的迎接我跟姐的關係，所以我在有機會的時候，都還是會跟姐聊：「如果有一天，你老到需要離開你的身體，你會希望怎麼辦呢？」

這個話題延續很多年，都沒有什麼進展，直到姐在前年癱瘓後，又經歷幾次的身體鉅變，他意識到身體真的是越來越不聽話，聽話的只剩下我這個笨妹妹。他開始願意談，關於「離別」，他的想像是什麼，或是說他需要我們怎麼一起為死亡服務。

為死亡服務，而不只是告別而已。在那天、在那刻來臨之前，我們剩下多少力氣？我們還有多少資源讓彼此都好走呢？

甜姐沒有都想著自己，這就是狗的浪漫。更浪漫的是，他要求我穿著禮服送他去火化。他要做生前告別式，他要看他喜歡的人，然後我獨自送他離開就好。姐說：「不是欺負你勇敢，是因為我選你，就是因為你比我勇敢，多一點點就夠我用了。然後我們把快樂給別人啦，一起笑笑還是我喜歡的。」

甜姐離開後，我史無前例的大哭數次，但是不太悲傷，會有不習慣的惆悵。習慣回家先去姊的位置，發現那邊沒有癱瘓的狗，跟貓相視一笑，然後繼續生活著。

雖然沒有甜姐的家怪怪的，但是我們有好好告別，我終於在預習功課的時候，有把功課做好。謝謝我自己是一個認真傾聽的動物溝通者，也謝謝自己是一個勇敢尊重動物的人，然後謝謝姐說出自己想要的。關於你的離開，關於離別，我們都有機會讓自己變得更圓滿，謝謝你陪我做功課，一起回答關於離別，我們可以一起做什麼。

本書獻給勇敢養動物的人。這個「預先知道的告別」，你想要怎麼做功課呢？這本書能給你一些選項，選項向來能使人靈活思考。創造你的出路吧，動物會陪伴你的，那就是我們選擇彼此的原因 :-)

春花媽

我會記住你愛我的樣子
因為你，我不只是我

作　　者　春花媽
腳　　本　賴妍延
繪　　製　Jozy、黑豆
選　　書　陳慶祐

編輯團隊
封面設計　石頁一匕
內頁排版　高巧怡、戴洛棻
責任編輯　周宜靜
總 編 輯　陳慶祐

行銷團隊
行銷企劃　蕭浩仰、江紫涓
行銷統籌　駱漢琦
業務發行　邱紹溢
營運顧問　郭其彬

出　　版　一葦文思／漫遊者文化事業股份有限公司
地　　址　台北市103大同區重慶北路88號2樓之6
電　　話　(02) 2715-2022
傳　　真　(02) 2715-2021
服務信箱　service@azothbooks.com
網路書店　www.azothbooks.com
漫遊者臉書　www.facebook.com/azothbooks.read
一葦臉書　www.facebook.com/GateBooks.TW
發　　行　大雁出版基地
地　　址　新北市231新店區北新路三段207-3號5樓
電　　話　(02) 8913-1005
訂單傳真　(02) 8913-1056

初版一刷　2025年7月
定　　價　台幣480元
I S B N　978-626-99842-0-6 (平裝)

國家圖書館出版品預行編目 (CIP) 資料

我會記住你愛我的樣子 : 因為你, 我不只是我/ 春花媽著 ; 賴妍延腳本 ; Jozy, 黑豆繪製. -- 初版. -- 臺北市 : 一葦文思, 漫遊者文化事業股份有限公司出版 ; 新北市 : 大雁出版基地發行, 2025.07
216 面 ; 14.8 x 21 公分

ISBN 978-626-99842-0-6（平裝）

1.CST: 動物心理學 2.CST: 漫畫

383.7　　114008114

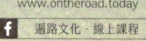